給好奇孩子的 科學實驗

蔣德仁、米家文化　著
米家文化、飛翔巴士　繪

新雅文化事業有限公司
www.sunya.com.hk

編者的話

在你的心目中，什麼是科學？是一些難懂的科學符號、科學原理？還是一個個需要複雜的工具來完成的科學實驗？

你有沒有想過在課堂以外，也能利用簡單的材料和方法來做科學實驗，並且從中學習科學的原理？

我們重視孩子能透過「動手」、「動腦」來學習，尤其近年來，STEM 教育（即科學、科技、工程和數學）成為了世界的發展趨勢。讓孩子「動手」、「動腦」，可以使他們親自去思考解決問題的方法，培養他們的邏輯思維及解難能力。

本書為孩子設計了 86 個科學實驗，以當中的原理分為六章。孩子可以跟着步驟，一步一步地完成實驗。

透過這些有趣又簡單的科學實驗，輕鬆地學習不同的科學知識。

目錄

第一章　生物樂園

第二章　波的秘密

第三章　身邊的科學

第四章　力的世界

第五章　化學之美

第六章　電磁魔術

！各位家長請注意

　　這本書裏介紹的個別科學實驗需要在家長指導下進行，請留意這個符號！。跟孩子一起做實驗，一起思考，享受快樂的親子時光，也是非常有意義的。

第一章
生物樂園

催熟香蕉

如果你不小心買了尚未成熟的青香蕉，也不要緊，教你一個讓青香蕉很快變熟的方法，這樣你就可以品嘗到美味的香蕉了！

材料

 紙袋　　 兩根未熟的青香蕉　　 繩

步驟

把一條青香蕉放進紙袋裏。

用繩把袋口束緊。

把另一條青香蕉平放在桌子上。三天後，你會發現，紙袋裏的青香蕉已經變黃了。

可是，桌上的那條香蕉基本上還是青色的。

　　與許多水果一樣，香蕉自身會產生乙烯氣體，乙烯氣體能把香蕉催熟。袋中香蕉產生的乙烯氣體被困在袋子裏，濃度較大，可使香蕉熟得更快。放在桌上的香蕉儘管也能產生乙烯氣體，但大部分都散失到空氣中，因此熟得比較慢。

膠袋裏的「小珍珠」

把一個透明膠袋罩在一盆植物的葉子上，一段時間後，膠袋裏面就會出現很多「小珍珠」。到底它們是從哪裏來的？

材料

 透明膠袋 　 綠葉植物 　水 　繩

步驟

用膠袋把綠葉植物的一部分葉子罩住，並用繩把袋口束緊。

往花盆裏澆一些水。

把花盆放到陽光充足的地方，一段時間後，會發現葉子的「眼淚」流了在膠袋上。

實驗揭秘

　　綠色植物會進行蒸騰作用，通過葉片上的氣孔，不斷向外散發水分。這些水分以水蒸氣的形式存在於膠袋裏，並在溫度較低處（即膠袋表面）凝結成小水珠。

軟硬不同的馬鈴薯片

! 請在家長
指導下完成

把兩片同樣厚薄的馬鈴薯片，一片放在清水裏，一片放在鹽水裏。幾個小時後，兩塊馬鈴薯片的軟硬程度完全不同。這是為什麼呢？

材料

馬鈴薯　　小刀　　鹽
茶匙　　兩個碗　　水

步驟

將水倒入兩個碗中，把兩茶匙鹽加到其中一個碗中。

用小刀切兩片約七毫米厚的馬鈴薯片，把它們分別放進兩個碗裏。

幾小時後，取出兩片馬鈴薯，你會發現泡在清水裏的那一片變得比較硬，而泡在鹽水裏的那一片卻變軟了。

實驗揭秘

　　放在清水中的馬鈴薯片，它的細胞液濃度大於水的濃度，所以它就吸收了很多水而變硬了；相反，放在鹽水裏的馬鈴薯片，它的細胞液濃度小於鹽水的濃度，馬鈴薯片裏的水反倒跑進了鹽水裏，結果因脫水而變軟了。

柔軟的骨頭

你看過柔軟的骨頭嗎？它不像一般的骨頭那麼堅硬，我們還能輕鬆地將它折彎！到底它是什麼骨頭？

材料

 雞骨頭　 醋　 茶匙　 一個大杯子

步驟

將醋倒入杯子裏，然後將雞骨頭放進杯子裏，讓骨頭在醋裏浸泡兩天。

兩天後撈出骨頭，用茶匙敲一敲浸泡過的骨頭。

用雙手握住骨頭兩端往下彎，你會發現原本堅硬的骨頭變得很柔軟，可以輕鬆地將它折彎。

16

　　由於骨頭中的含鈣化合物被牢牢地固定在骨頭內的蛋白纖維中，所以骨頭很堅硬。當醋和骨頭中的含鈣化合物接觸時，醋會將含鈣化合物溶解掉，使骨頭中只剩下一些柔韌的部分，骨頭自然就變軟了。

沙也能幫助消化

雞總是在地上啄來啄去的，牠是在找食物嗎？不是，牠是在不停地吃沙。這個現象是不是很奇怪呢？如果說雞吃沙是為了幫助消化，你是否覺得更奇怪呢？趕緊來研究一下吧。

材料

葵花子　沙　水　碟　膠袋

步驟

① 剝開葵花子，把瓜子仁放在碟上。

② 把瓜子仁放入水杯裏浸泡一會兒。

③ 取出泡過的瓜子仁放進裝着沙的膠袋裏。

④ 用手不停地揉搓膠袋，你會發現，在與沙的摩擦中，瓜子仁被磨碎了。

實驗揭秘

　　因為雞沒有牙齒，牠會把食物整塊吞下，食物很難被消化，如果有沙幫忙磨碎食物就容易消化了。因此，雞吃沙是為了把體內的食物磨碎及消化。

味覺失靈了

你喜歡吃東西嗎？吃到自己喜歡的東西，是一件很開心的事情。如果我們無法品嘗出食物的滋味，那將會是什麼感覺呢？讓我們一起來體驗一下吧！

材料

 幾種蔬果　　 水果刀　　 布

步驟

1 用水果刀把不同的蔬果切成同樣大小的小片。

2 用布蒙住眼睛，捏住鼻子，讓朋友或家長幫忙把先前切好的食物放在你舌頭的中心。

3 不要咀嚼食物，屏住氣，試着只用舌頭分辨它們。

4 你會發現，你根本無法分辨出它們分別是什麼。

實驗揭秘

　　在這個遊戲中，我們的視覺和嗅覺都被抑制住了，只有味覺是正常的，而我們舌頭上能分辨味道的味蕾主要分佈在舌頭尖上，舌頭的中心部分味蕾較少，所以我們對食物的味道就不敏感了，彷彿味覺失靈了。

耳朵模型

我們知道耳朵是用來聽聲音的，如果無法聽到聲音，那會是多麼可怕呢！不過，我們是如何透過耳朵來聽到周圍的聲音呢？讓我們來做個耳朵模型研究一下吧。

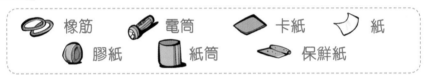

橡筋　　電筒　　卡紙　　紙
膠紙　　紙筒　　保鮮紙

步驟

把紙捲成一個錐形筒，用膠紙固定。用橡筋把保鮮紙固定在紙筒的一端。

把錐形筒尖的一端插進紙筒的另一端，在它們之間接觸的部分貼上膠紙，做成耳朵的模型。

把卡紙直立，並固定在桌子上。用電筒照向耳朵模型內的薄膜，使光點出現在卡紙上。

對着錐形筒大聲說話，光點就會快速抖動，那是因為保鮮紙在震動。

實驗揭秘

　　保鮮紙就像我們耳朵內的鼓膜，紙筒相當於我們的耳道，錐形筒就像我們的外耳。聲音的震動從外耳道傳入，再傳入耳道內的鼓膜，引起鼓膜震動，鼓膜把接收到的聲波傳入大腦，這樣人就聽到聲音了。

蘋果變成白毛怪

! 請在家長指導下完成

你喜歡吃蘋果嗎？紅紅的蘋果美味可口，含多種維他命。可是，切開的蘋果如果放久了，它的身上就會長出白色毛。讓我們去一探究竟吧。

材料

 新鮮蘋果　 刀　 兩個碟　 瓷碗

步驟

用刀把蘋果切開一半。

分別放在兩個碟上。

把瓷碗蓋在其中一個碟的半個蘋果上。

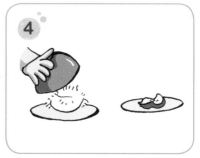

幾天後，你會發現被瓷碗蓋着的半個蘋果已經發霉，長出白色菌毛，而另一個碟上的半個蘋果則乾掉了。

實驗揭秘

　　瓷碗能抑制水分蒸發，使碗內的環境變得潮濕而溫暖，而這種環境剛好是霉菌生長的溫牀。所以，霉菌會在被瓷碗蓋住的蘋果上迅速繁殖生長，最終使蘋果長滿了白色的菌毛。

無奈的無名指

一雙手，十隻手指，什麼時候都和我們形影不離。可是，你真的了解你的手指嗎？在以下實驗中，兩隻無名指居然不能完成一個簡單的動作！

材料

 一枚硬幣

步驟

讓你兩隻手的無名指指尖碰在一起。

兩手的食指、中指和小指彎曲，指節緊貼。請朋友幫忙把硬幣放到兩隻無名指中間。

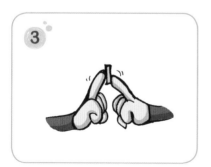

現在，保持中指、食指和小指不動，盡力向外分開無名指讓硬幣掉下來。

你會發現，無論怎樣用力都不能把兩隻無名指分開，硬幣當然不會掉下來。

　　無名指是不能獨立於其他手指而單獨行動的，因為韌帶把它和其他手指連在一起，尤其是中指。中指是主要的功能手指，要是中指不動，無名指根本動不了。所以，平時要多了解你的十隻手指呀！

27

會「點穴」的手指

當你用一隻手指頭按在你朋友的額頭上，奇怪了！他就像被點了穴一樣，無論怎樣用力，都站不起來。這到底是怎麼回事？你真的有「點穴神功」嗎？

材料

 椅子

步驟

放好椅子，請來一個朋友。

讓你的朋友坐在椅子上，頭稍微向後仰。

將右手食指向下壓在朋友的前額上。

讓朋友試着站起來。你會發現無論怎麼努力，他始終站不起來。

實驗揭秘

　　這個遊戲揭示了人體重心的奧秘。當人坐下時，人的重心就落在臀部。人要站起來，就必須把身體的重心從臀部移到腳上。用手擋住前額，頭部向前，人體重心無法前移，人當然就站不起來了。

不能掌控的路線

對於正常人來說，走路是再簡單不過的一件事了。但是，當你連續完成一些動作後，為什麼連沿直線走也變得很困難呢？這真讓人困惑呀！

材料

 椅子

步驟

邀請一個朋友來一起玩遊戲。

把椅子放在房間中央，讓你的朋友站在距離椅子約五米遠的地方。

以面對你朋友的位置為起點，用手摸着椅子表面的中心點，圍着椅子順時針快跑七圈。

結束轉圈後，站直並試着沿直線走到你的朋友面前。結果，你的腳好像不聽指揮了，你總是會偏向右邊走。

🔍 實驗揭秘

在人的耳朵後面，有一個維持身體平衡的「半規管」，半規管內充滿液體，大腦會感受到它的活動。當你轉圈後，就算身體停下來了，但半規管內液體的晃動也不會立刻停止。此時，大腦會誤以為身體還在轉而採取錯誤的保持平衡方式，所以身體會繼續轉一會兒。

自己造個生態系統

自己就能造一個生態系統？是的。當然，這個系統是簡單的微型生態系統。在這裏，你可以看到一個完整的水循環過程呢！

材料

小植物　　土壤　　碎石　　塑膠板
噴壺　　大玻璃缸　　膠紙

步驟

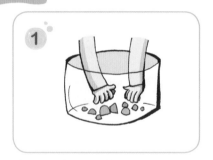

先在玻璃缸底鋪上一層碎石。

在碎石上鋪一層土壤。把小植物種在土壤中。

用盛了水的噴壺把土壤澆透，再輕輕壓實。

四天後，將塑膠板蓋在玻璃缸上，用膠紙密封好。這樣，你就可以觀察玻璃缸裏的水循環過程了。

實驗揭秘

　　這個水循環過程是：通過植物的根部，水分到達植物的內部。經過植物的蒸騰作用，水分又散發到空氣中，這些水分遇到蓋在缸上的塑膠板後，重新凝結成水滴，滴落在缸底的土壤裏。

魚在水中游

魚天生就是「游泳高手」，看牠們在水裏自由自在的樣子就明白了。那麼，魚有哪些得天獨厚的身體條件呢？讓我們一起從實驗中尋找答案吧！

材料

彩色卡紙　防水膠　水　剪刀

步驟

用彩色卡紙剪出一條魚和一些魚鱗。

在這些魚鱗的其中一側塗上防水膠。

再把魚鱗一排一排地黏到魚身上，注意沒塗膠水的一側朝向魚尾。

將貼好魚鱗的魚放到水中。用手拿着魚的頭部，拉着魚在水裏遊。接着，拿着魚的尾部把它往後拉。你會發現後者比前者吃力得多。

　　遊戲中，當你拿着魚尾往後拉時，魚鱗就會擋住水，魚「游」起來就會比較困難了。所以，魚的流線型身體和交錯排列的魚鱗，讓水能從牠們的身上流暢地滑過，這就是魚能在水裏活動自如的原因。

吸水的馬鈴薯

! 請在家長指導下完成

馬鈴薯也會吸水，你相信嗎？如果你想驗證一下，那就一起來做實驗吧！

材料

釘子　馬鈴薯　飲管　玻璃容器
湯匙　水　糖

步驟

1 把一湯匙糖、兩湯匙水放到玻璃容器裏，均勻攪拌。

2 用釘子在馬鈴薯上挖一個足以插進一支飲管的孔。

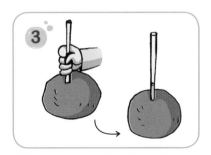

3 將飲管插進孔裏，並固定。

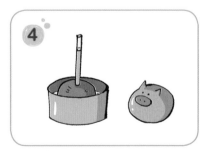

4 往飲管裏倒入約四分之一飲管高度的糖溶液，再將水倒入玻璃容器裏。將插了飲管的馬鈴薯放到容器裏。過一會兒，飲管裏的液體會升高了。

實驗中，馬鈴薯外的糖溶液濃度小於馬鈴薯內的細胞液濃度，滲透時較淡的溶液會滲向較濃的溶液。馬鈴薯通過滲透作用吸收水分，而水被馬鈴薯吸收後與飲管中的糖溶液相通。同時，吸收水分後，馬鈴薯裏含有的水分增加，使飲管裏的糖溶液液面上升了。

結實的紙筒

一個紙筒肯定不夠結實，要是在空紙筒中緊密地放入一個個小紙筒，你會發現紙筒就結實多了，這是為什麼呢？

步驟

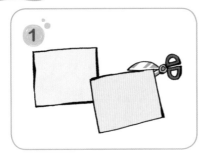

將硬卡紙剪成兩個長方形。

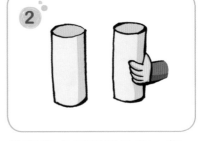

分別將卡紙兩端黏在一起，做成兩個圓筒。

用紙做一些小紙筒。將做好的小紙筒放入其中一個圓筒中，填滿為止。

分別往兩個圓筒上一本一本地放書。你會發現空的圓筒很快就被書壓塌了，而塞滿小紙筒的圓筒就結實多了。

　　大圓筒裏排滿了小紙筒，我們用卡紙打造了非常結實的結構。人類的骨頭就是類似的兩層骨質結構。骨頭的外層叫密質骨，由幾百個管狀物構成；骨頭的內層叫鬆質骨（即海綿骨），裏面都是空的小管，這種結構很輕，卻很結實。

簡易温室

用一個空玻璃瓶就能設計出一個簡易的温室，而且保温作用也很好呢！不相信嗎？一起動手做實驗吧！

材料

托盤和泥土　　種子

寬口的玻璃瓶　　水

步驟

往托盤的泥土裏撒一些種子，澆點水。

把播了種的托盤放在陽光下。

將玻璃瓶倒轉放在泥土上，蓋着一些種子。

幾天後，你會發現被玻璃瓶蓋着的植物會生長得比較快。

實驗揭秘

　　玻璃瓶有很好的保溫作用，將它倒轉蓋在泥土上，陽光會透過瓶壁加熱了瓶裏的空氣。比起較冷的環境，植物在溫暖環境中會生長得比較快。所以，被玻璃瓶蓋住的植物會生長得更快。

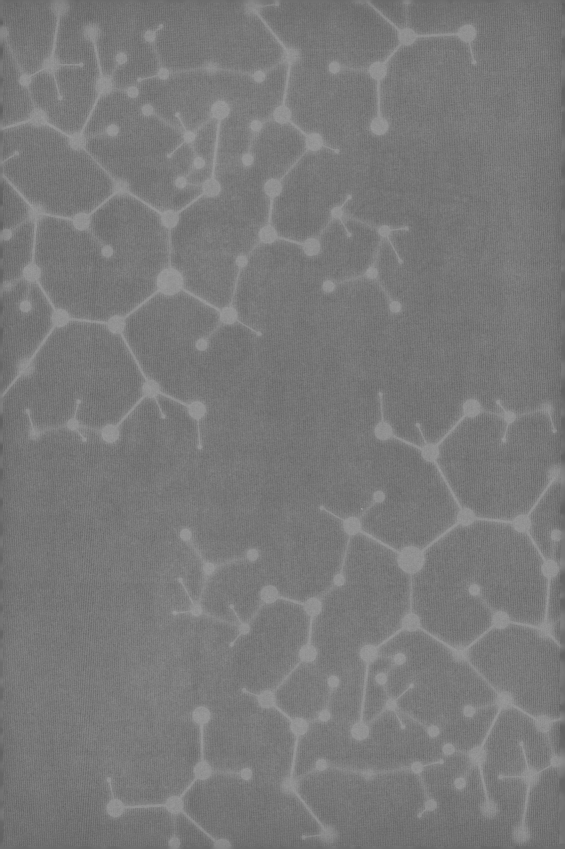

第二章
波的秘密

太陽鐘

你知道古人是怎樣計時嗎？他們曾一度利用太陽來測定時間。現在教你做一個太陽鐘來計時。快來學吧，在天氣晴朗的日子，沒有手錶也能知道時間呀！

小木棍　圓規　鉛筆　硬卡紙
白膠漿　剪刀

步驟

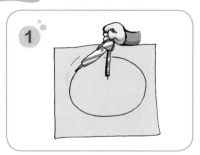

用圓規在硬卡紙上畫一個直徑約 20 厘米的圓圈，並剪下圓圈。把小木棍用白膠漿固定在圓心上。

在陽光充足的日子，把步驟一中已完成的實驗品放在室外。

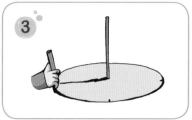

每到整點的時候，就沿小木棍在硬卡紙上的投影畫線，並標明時刻。

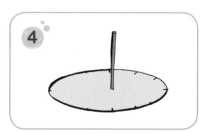

不要移動你的太陽鐘，在晴天的時候，你就可以根據木棍的投影來計時了。

　　由於地球的自轉，太陽光照在地球上的角度不斷改變，從而使小木棍投影的位置在不同時刻有不同的變化。因為這種變化是有規律的，所以根據小木棍影子的位置就可以推算出時間了。

會「叫」的翅膀

你聽過蟋蟀鳴叫的聲音嗎？你知道它的聲音是怎樣發出來嗎？不是用口，而是用它那雙會「叫」的翅膀。

 硬塑膠片　　 磨指甲的銼刀

步驟

把硬塑膠片平放在桌子上，抓住硬塑膠片的其中一角，把這個角稍稍掀起來。

用磨指甲的銼刀在硬塑膠片掀起的角上來回滑動，這時便會有刺耳的聲音響起。

加快銼刀的滑動速度，你會發現聲調變高了。

只有雄蟋蟀才會鳴叫，它們用一側翅膀的粗糙部分和另一側翅膀的銳利邊緣摩擦而發出聲音，而且摩擦的速度越快，鳴叫的聲調就越高。

神箭手

你喜歡看武俠小說嗎？你羨慕小說中那些古代英雄們出神入化的箭術嗎？現在就教你做一名神箭手，射出的箭比武俠小說裏的英雄們還厲害，因為它是可以自動調轉方向的！

材料

顏色筆　　水　　玻璃瓶　　白紙

步驟

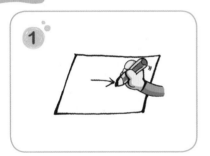

用顏色筆在白紙上畫一支箭頭向右的箭。

把水倒入玻璃杯中。

把白紙放在水杯後面，讓畫着箭頭的一面貼近水杯，你會發現玻璃杯上的箭頭的方向反過來了。

實驗揭秘

　　水和杯子形成了一面凸透鏡，箭頭發出的光線經折射之後，除了一小部分的光線不會改變方向外，大部分光線都會改變方向，使我們看到相反方向的箭頭。

蠟燭變魔術

! 請在家長指導下完成

一支蠟燭竟然能變成很多支蠟燭？你想學會這個小魔術嗎？現在就教你，需要的道具很簡單呢！

材料

 兩面鏡子　　 泥膠　　 蠟燭

步驟

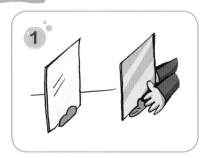

用泥膠把兩面鏡子正對着，並固定在桌上。

把蠟燭放在鏡子中間，點燃蠟燭。

你會從鏡子中看到很多支蠟燭。

50

實驗揭秘

　　蠟燭的光線遇到鏡面後會被原路反射回去，又因為兩面鏡子是平行放置的，所以蠟燭的影像會在兩面鏡子中間被反覆地反射，因此你會看到鏡上有很多支蠟燭。

消失的色彩

　　盒子裏有三種顏色的球，可是我們只看到三個黑白球，難道這個盒子是魔法盒，把彩色球的顏色都奪走了嗎？快來一起找找原因吧！

 無蓋大紙盒　　　 八張紅色玻璃紙

 紅色、藍色、綠色球各一個

步驟

把不同顏色的球放進紙盒裏。

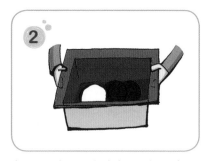

將八張紅色玻璃紙疊在一起，然後蓋在紙盒上。

透過紅色玻璃球紙觀察紙盒中的球，你會發現原來的紅、藍、綠球不見了，只能看見一個白球、兩個黑球。

🔍 實驗揭秘

　　紅色玻璃紙只能透過紅光，其他的光都被過濾了，而紅色物體只能反射紅光。當紅光投射到紅球上時，大部分的光被反射出來，球看上去就會是白色的。當紅光投射到藍球和綠球時，基本上沒有光被反射回來，所有的紅光都被吸收了，因此球看上去是黑色的。

鉛筆被水「折」斷了

　　水是軟的，鉛筆是硬的，硬的東西還能被軟的東西折斷嗎？快來看看吧，筆直的鉛筆是不是被水「折」斷了？

材料

 玻璃杯　　水　　鉛筆

步驟

將玻璃杯盛滿水。

拿住鉛筆的一端，將鉛筆的另一端傾斜放入水中。

注意觀察鉛筆進入水裏的那部分，你會發現水裏的鉛筆被「折」斷了。

實驗揭秘

　　杯外那一段鉛筆的光，直接通過空氣投進到眼裏，這些光線沒有彎曲。可是，來自水下鉛筆的光，必須先通過水、玻璃杯、空氣，然後才能進入我們的眼裏，光線在介面處會發生彎曲，這種彎曲叫「折射」。由於光的折射現象，我們看見水裏的鉛筆好像被折彎了一樣。

魔鏡

你一定聽過《白雪公主》這個童話故事吧！故事中有一面魔鏡，它可以知道誰是世界上最美麗的女人。下面這個實驗裏的鏡子也是一面魔鏡，因為平時我們看到鏡子中的影像與實際的物體是左右相反的，但是這面鏡子能照出與物體方向一致的影像。你想擁有這面魔鏡嗎？

材料

 鬧鐘　　　　 兩面鏡子

步驟

將鬧鐘放在桌上，將鬧鐘放在其中一面鏡子前，結果鏡子裏出現一個左右相反的鬧鐘。

取另一面鏡子放在桌上。很神奇！你會看見鏡子裏的鬧鐘是正面的。

得出正面影像的關鍵是兩面鏡子要擺放成 90°的直角。

　　我們之所以能看清東西，是因為物體表面反射的光線被視覺神經接收了。我們在鏡子中看到影像也是這個道理。如果把兩面鏡子以成直角的方式擺放在桌上，這樣光線就會產生直角反射，物體的影像經過直角反射後，就會得到正面的影像。

神奇的米粒

「啪！啪！啪！」米粒隨着聲音跳起舞來。這是什麼回事呢？如果你有興趣，可以動手試一試。你還可以展示給朋友們看呢！

材料

保鮮紙　　少許米粒　　塑膠碗

飯勺　　橡筋　　鐵盆

步驟

① 用橡筋將保鮮紙繃緊在塑膠碗上。

② 把米粒放在繃緊了的保鮮紙上。

③ 在接近米粒的位置，手持鐵盆，用飯勺有節奏地敲打鐵盆的底部。

④ 在敲擊聲的襯托下，米粒在保鮮紙上「翩翩起舞」。

　　當用力敲打鐵盆時，鐵盆周圍的空氣就會震動起來，形成聲波。聲波撞到碗上，使上面的保鮮紙也一起震動起來。米粒被保鮮紙的震動而帶動，最終舞動起來。

跑掉的光能

光能也會「逃跑」的，你知道嗎？當光線照射到一隻玻璃杯上，穿過這隻玻璃杯後，光線會有變化呢？

材料

玻璃杯　電筒　桌子

步驟

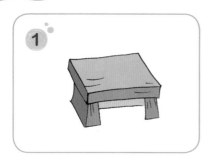

1 將桌子放在白色的牆壁前面。

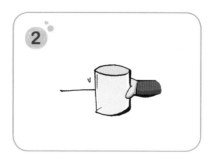

2 將玻璃杯放在桌子上。

3 在漆黑的房間中，打開電筒，把電筒的光線對準玻璃杯。

4 你會發現玻璃杯後的牆壁上，出現了淺淺的玻璃杯影子。

光是沿直線傳播的。光線能穿過玻璃杯，但是在穿過玻璃杯時，會失去一部分的光能，穿過玻璃杯後的光就會變暗，所以在牆壁上留下了淺淺的杯子影子。

水裏的放大鏡

放大鏡是我們的好幫手！但是，如果把放大鏡放在水中，情況又會怎樣呢？

材料

 放大鏡　硬幣　水

步驟

將硬幣放到水中。

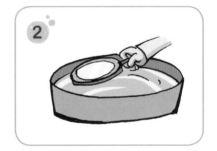

將放大鏡放到水中。

用水中的放大鏡觀察盆底的硬幣。

結果，放大鏡的放大效果變得不明顯了。

🔍 **實驗揭秘**

　　放大鏡的放大效果與鏡面玻璃的曲率大小有關，同時也和光在空氣與玻璃中傳播的速度差有關。放大鏡在水中時，因水和玻璃中的光速差比空氣和玻璃中的光速差小，這樣放大鏡的放大效果就不明顯了。

誰留下的影子

你有觀察過蠟燭燃燒時的火焰嗎？火焰居然會在牆壁上留下奇怪的影子！到底這些影子有什麼奧秘呢？

材料

 桌子　 蠟燭　 火柴

步驟

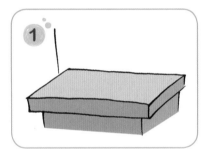

將桌子貼牆放好。

用火柴點燃蠟燭。

調整蠟燭與牆壁之間的距離，使蠟燭的影子投射在牆上。

你會看到火焰上方熱氣的影子。

　　蠟燭火焰上方的熱氣在空氣中是看不見的。其實，這熱氣中含有水蒸氣，水蒸氣在上升的過程中會擋住光向前傳播，所以我們就在牆上看到水蒸氣的影子了。

簡易電話

製作一部電話不是一件容易的事。在這個實驗中，大家可以製作一部簡易電話。不用擔心材料，你都能找到的。

材料

兩個紙杯　　繩　　筆　　兩個萬字夾

步驟

1. 用筆在兩隻紙杯的底部各穿一個小洞。

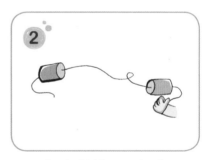

2. 兩個杯底對着，把繩穿過兩個杯底的小洞。

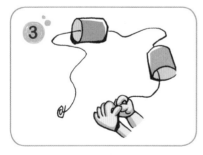

3. 兩個繩頭分別綁上萬字夾，固定在杯底。

4. 邀請一個朋友，你們分別拿着紙杯，將繩拉直，對着紙杯話筒就可以通話了。

實驗揭秘

　　聲音是以聲波震動的形式向外傳播的，所以固體傳聲會比空氣快。當你對着紙杯說話時，杯裏的空氣會發生震動，從而引起杯壁、繩也發生震動。這種震動通過繩傳到另一個杯的底部，對方就能聽到聲音了。

感覺震動

你知道聲音是如何產生嗎？這並不是一個容易解釋的物理問題。在這個實驗中，你可以利用紙筒、蠟紙等簡單的材料來了解聲音產生的過程。

材料

 橡筋　 蠟紙　 紙筒

步驟

將蠟紙蓋在紙筒的一面，用橡筋固定。

將有蠟紙的那一面紙筒對準你的嘴巴。

將一隻手指放在蠟紙上。

當你說話時，你的手指就能感覺到蠟紙在震動，而且你的聲音變得大聲了一點。

🔍 實驗揭秘

　　當你對着紙筒說話時，聲帶的震動傳遞了給空氣，空氣也跟着震動。接着，空氣震動又傳遞了給蠟紙，蠟紙隨之震動，這樣你的聲音就傳遞出去了。紙筒還有擴音的效果。

發光的冰糖

你有試過用麵棍來壓麵團嗎？這次，我們壓的不是麵團，而是冰糖！趕快來試試吧！你將會有新發現！

材料

 透明膠袋　細繩　冰糖　麵棍

步驟

1 將冰糖放到膠袋裏，用繩束緊袋口。你也可改用密實袋。

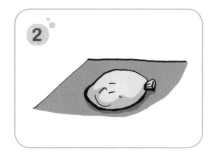

2 將冰糖袋放在桌子上。

3 關掉房間的燈和拉上窗簾，讓房間變暗。

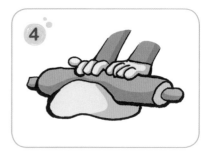

4 用麵棍來回擠壓冰糖袋。你會發現袋裏的冰糖會閃閃發光。

🔍 實驗揭秘

　　晶體發生摩擦時會產生亮光。這是因為冰糖晶體在麵棍的擠壓下會破碎成片，碎片的表面就會釋放出活躍的分子，這些分子發出亮光，所以看起來冰糖就閃閃發光了。

變調的聲音

對着轉動的電風扇大聲說話，聲音會變成什麼樣子呢？準備好了嗎？實驗要開始了！你一定要聽清楚呀！

材料

 電風扇　　　 桌子

步驟

將電風扇放在桌子上。

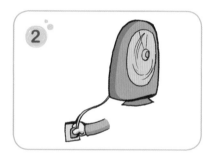

插上電源，打開電風扇的開關。

面對轉動的電風扇大聲說話。

你會發現自己的聲音變了，聽起來像是機械人在說話。

實驗揭秘

　　當你對着電風扇說話時，聲波朝電風扇傳播開去，有些聲波被扇葉反彈回來，而有些聲波則穿過扇葉「溜」掉了。所以，被反彈回來的只有一部分聲波，聲音聽上去就變了。

第三章

身邊的科學

不能吹泡泡的肥皂水

我們知道肥皂水可以吹出很多泡泡。可是，在以下這個實驗中，無論你怎樣吹那些肥皂水，都吹不出泡泡來。你知道這是怎麼回事嗎？

材料

 肥皂水　飲管　醋　杯子

步驟

把飲管插在肥皂水中，利用飲管吹氣，肥皂水會起泡泡。

滴幾滴醋在肥皂水中。用飲管攪拌一下，再次把飲管插到肥皂水中。

這次無論怎麼吹，肥皂水都不會起泡泡了。

實驗揭秘

　　肥皂水中含有高級脂肪酸鹽等物質，比普通水的表面張力大，所以能夠形成泡沫。往肥皂水裏加入醋之後，高級脂肪酸鹽會被醋水解為酸，表面張力下降很多，所以就不會再起泡泡了。

變色的蘋果

! 請在家長指導下完成

你削過蘋果嗎？你有沒有觀察過，削皮後的蘋果會有什麼變化呢？削皮後的蘋果放了一段時間後就會變色，而且變色的速度會因為環境條件的不同而不一樣呢！

材料

蘋果　　水果刀　　玻璃杯
鹽　　　兩個碟　　玻璃棒

步驟

1 在玻璃杯中倒入半杯水，將鹽加入水中，攪拌成濃鹽水。

2 將蘋果用水果刀去皮，均勻地分成四份。

3 將其中兩份蘋果放在碟上，另外兩份放入濃鹽水裏浸泡五分鐘。

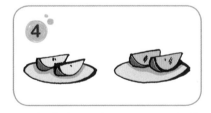

4 取出濃鹽水中的蘋果，在碟上放五分鐘。你會發現，沒浸過鹽水的蘋果表面漸漸變成了褐色，而浸過鹽水的蘋果表面顏色並沒有太大改變。

實驗揭秘

　　蘋果去皮後，果肉中含有的兒茶酚、氧化酶等物質接觸到空氣中的氧氣，發生反應後變成了一種褐色的物質，所以蘋果表面的顏色就變了，而鹽水能阻止或減緩這種反應的發生，即是浸過鹽水的蘋果在短時間內顏色並不會改變。

杯子流汗了

一杯加了冰塊的冷水，感覺冷冰冰的。可是，過了一會兒，杯的表面卻好像人們汗流浹背的樣子。難道杯子真的流汗了嗎？

材料

玻璃杯　　冰塊　　水

步驟

把冰塊放入玻璃杯中。

往玻璃杯內加入一些水。

把杯子放在桌上仔細觀察，大約四五分鐘後，你就會看到杯子外壁「汗淋淋」了。

🔍 實驗揭秘

　　因為杯外的氣溫較高，當空氣裏的水蒸氣遇到冰冷的玻璃杯後，會附着在玻璃杯的外壁，凝結成小水滴。所以，我們看到杯子就像流汗般。

泡泡總動員

！請在家長指導下完成

你的泡泡槍是不是只能打出圓圓的泡泡？如果自己動手，可以讓泡泡變出各種形狀呢！開始行動吧！

材料

半塊肥皂　　鉗子　　膠盆

鐵絲　　水

步驟

1　把肥皂和水放在膠盆中，調一大盆肥皂水。

2　用鉗子將鐵絲扭成一個像羽毛球拍一樣的圓框。

3　把整個圓框放在肥皂水中，然後取出，用力揮動。

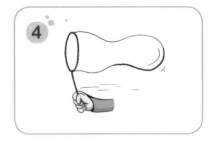

4　一個橢圓形的大泡泡就會出現在你的眼前。如果你邊跑邊揮動手中的圓框，泡泡就可以變成很多不同的形狀。

實驗揭秘

　　清水和肥皂水都有表面張力，只是肥皂水的表面張力降為清水的三分之一，這就是吹泡泡所需的最佳張力。當我們用力揮動圓框時，殘留在圓框中的肥皂水，就會隨着我們力量大小和方向的改變，而產生各種形狀不同的泡泡。如果你在肥皂水中加一點白糖，吹出來的泡泡會又大又多，而且不易破。

水油不相容

你一定知道「水火不容」這個成語吧,但你知道水和油也不相容嗎?看看到底是怎麼回事吧。

材料

 兩個玻璃杯　 厚卡紙　 食用油

 剪刀　 水

步驟

在厚卡紙上剪下一個邊長約十厘米的正方形。注意,剪下的卡紙放在玻璃杯口時,四邊應各多出大約兩厘米。

將一個杯子盛滿水,另一個杯子盛滿食用油。

在裝水的杯子口上放上正方形卡紙,緊緊按住卡紙,把裝水的杯子倒轉過來,將杯子連卡紙一起蓋在盛了食用油的杯子上,然後再把卡紙往旁邊拉開一點。

這時,你會看到水和油發生換位,水流到下面的杯子取代了油,油則緩緩往上到上面的杯子中。

實驗揭秘

　　水的密度比油的密度大，即是水比油重。由於油和水不會融合在一起，所以水會往杯子下面沉，較輕的食用油則往上流。

85

攪出冰淇淋

說到美味的冰淇淋，大家都很喜歡吧？想知道冰淇淋是怎樣做出來的嗎？告訴你吧，冰淇淋其實是不斷攪拌出來的。不信？那麼一起來試試吧！

材料

攪拌棒　鹽　冰塊　毛巾　糖
牛奶　大碗　忌廉　杯子

步驟

將牛奶、忌廉和糖放入杯裏，將這些混合物攪拌均勻。（你可以按喜好，加入巧克力、水果等食材來調味）。

把盛有混合物的杯放到大碗裏。在大碗外面裹上毛巾。

在杯與碗之間的空隙裏塞滿冰塊，並在冰塊上撒一些鹽。

用攪拌棒攪拌混合物。若干小時後，你攪拌的混合物就變成了冰淇淋。

　　液體被冷凍後會凝結成固體。鹽會降低冰塊的凝固點,當把鹽撒在冰塊上,冰塊表面會稍稍融化,而當鹽融化,冰塊表面會再次結冰。在冰塊的作用下,混合物變冷形成固體冰。在攪拌棒的不斷攪拌下,固體冰不斷分化成小冰塊。攪拌的時間越長,小冰塊分化得越細,製成的冰淇淋就會越滑。

位置的區別

三塊放入水中的方糖，因為所處的位置不同，它們的溶解速度也會有所不同。到底哪個位置上的方糖會溶解得快些呢？

材料

 三顆方糖　線　三個玻璃杯　水

步驟

分別往三隻杯裏倒入同樣多的水。

將三塊方糖用線綁住。

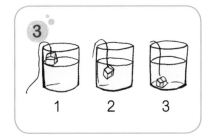

1號杯的方糖放在水面處，2號杯的方糖放在水的中間，3號杯的方糖放在杯底。

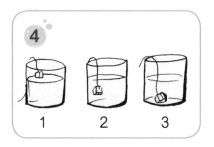

一段時間後，你會發現1號杯的方糖溶解得最快，3號杯的方糖溶解得最慢。

　　水的對流是影響方糖溶解速度的關鍵因素之一。3 號杯
的方糖溶解後，糖溶液會沉積在杯底，很快局部飽和後就不
再溶解了。而 1 號杯的方糖溶解後，濃的糖溶液會沉下去，
四周的清水馬上又補充過來，形成對流，所以溶解得最快。

曬出來的鹽粒

！請在家長指導下完成

一杯水放了一天後，水不見了，只剩下一些晶體。這是怎麼回事？水到哪兒去了？這些晶體又是從哪裏來的？

材料

 鹽　熱水　平底碟　湯匙　杯

步驟

將熱水倒入杯中，然後將鹽一匙一匙地放入熱水中，直到鹽不能再溶解為止。

趁熱把杯中的鹽溶液倒入平底碟上。

把盛了鹽溶液的平底碟放在陽光下暴曬。

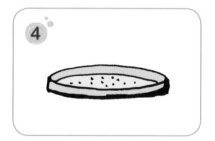

一天後，你會發現平底碟中的水不見了，只剩下一些細小的晶體。

實驗揭秘

　　水在太陽的照射下會蒸發，變成水蒸氣。水蒸氣散發到空氣中，鹽的固態晶體就會釋出而留在碟上了。

黏上氣球的杯子

⚠ 請在家長指導下完成

氣球和杯子黏在一起，不可能吧？而且，要把一個塑膠杯放在一個吹了氣的氣球上，這不是那麼容易做到的。但是我們做到了，快來試試以下的實驗吧！

材料

 細線　 氣球　 塑膠杯　 熱水　🧼 冷水

步驟

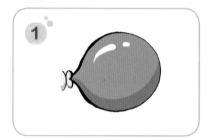

將氣球吹起來，記得不要把氣吹得太足。然後，用細線束緊吹氣口。

將熱水倒入塑膠杯中。一分鐘後倒掉熱水。

馬上將杯子扣到氣球上。用手扶住氣球，把塑膠杯放到冰水裏冷卻。

等塑膠杯完全冷卻後，將扶着氣球的手輕輕拿開，杯子就牢牢地黏上氣球了。

🔍 實驗揭秘

　　用熱水對杯子加熱，當杯子扣到氣球上時，杯裏的空氣還是熱的。當用冰水冷卻杯子後，杯裏的空氣體積就會縮小，杯裏的氣壓也隨之降低而小於外界大氣壓。這樣，外部大氣壓就把杯子牢牢壓在氣球上，杯子就黏在氣球上了。

能測天氣的紙花

！ 請在家長
指導下完成

　　預測天氣是氣象部門人員的專長，有嚴格的專業要求。但是，動動腦筋，我們也可以自己動手做一個能預測天氣的工具。這個工具就是紙花。

材料

膠水　　花盆　　熱水　　鹽　　玻璃杯　　飲管　　粉紅色的紙　　剪刀

步驟

1 將熱水倒入玻璃杯中，往裏面加鹽攪拌成濃鹽水。

2 用粉紅色的紙剪出一朵紙花。在紙花的每個花瓣上都塗上濃鹽水。

3 把紙花用膠水黏在飲管上，插在花盆裏。

4 根據紙花顏色的變化，你可以知道：顏色變淡，天氣會放晴；顏色變深，天氣會轉為陰天或下雨。

實驗揭秘

　　用濃鹽水浸過的紙花更容易吸收空氣中的水分。晴天氣壓較高，紙花吸收不到水分，顏色會淡一些；陰天氣壓較低，空氣濕度大，紙花吸收了水分後，顏色會變深一些。通過紙花的顏色變化，就能大致預測未來的天氣情況了。

比比速度

請在家長指導下完成

一滴墨水，在熱水裏會散得快一些，而在冷水裏則慢一些，當中包含着什麼科學知識呢？先做實驗，接着我們來分析其中的原因。

材料

 兩個玻璃杯　　 滴管　　熱水

冷水　　　　　　　　　　　墨水

步驟

1 將冷水倒入其中一個玻璃杯裏，將熱水倒入另一個玻璃杯裏。

2 用滴管分別將墨水滴入兩個杯子裏。

3 墨水在兩杯水裏散開，並且在熱水中的墨水會分散得更快一些。

實驗揭秘

　　分子在熱水中運動得較快，而在冷水中要運動得較慢。
所以，墨水在熱水中分散得更快一些。

冰塊的位置

在兩個盛着等量溫水的杯子裏加入冰塊降溫，會因為冰塊放的位置不一樣，降溫的效果也會不一樣呢！快來試試以下的實驗吧！

材料

小木棍　　溫度計　　溫水
兩塊冰塊　　兩個玻璃杯

步驟

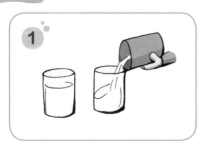

將等量的溫水倒入兩個玻璃杯中。

分別加入一塊冰於兩杯水中。

用小木棍將其中一個杯裏的冰塊壓在杯底，另一隻杯裏的冰塊浮在水面上。

15 分鐘後，用溫度計測一下兩個杯裏的水溫，結果冰塊浮在水面上的水溫會低一些。

實驗揭秘

　　冰塊融化會吸收熱量，這會使冰塊周圍的水溫降低。冷水密度比熱水大，會下沉，同時下層較熱的水因密度小而上升形成對流，使杯中的水更快降溫。冰在杯底時不易形成這種對流，所以水溫下降得慢一些。

熱水遇到冰塊

請在家長指導下完成

　　如果飲料瓶裏有半瓶熱水，當這半瓶熱水在瓶口遇到冰塊時，瓶裏會產生什麼現象呢？一起來做實驗吧！

材料

空的大汽水瓶　　冰塊　　熱水

量杯　　毛巾

步驟

1

將熱水倒入大汽水瓶中。

2

幾秒鐘後，將瓶裏的一半熱水倒入量杯。記着要用毛巾裹着瓶子，以免燙手。

3

將一塊冰放在瓶口上。

4

你會發現瓶子的上半部分出現了像雲般的現象。

🔍 **實驗揭秘**

　　在這個實驗中，瓶裏熱水的水蒸氣上升。水蒸氣靠近瓶口的冰塊時，遇冷後凝結成了小水珠，這些小水珠便形成了瓶子裏霧狀的雲了。

自己做爆谷

! 請在家長
指導下完成

香噴噴又好吃的爆谷，大家都喜歡吧？它的做法也不複雜呢！
準備一些粟米和食用油，我們就動手吧！

材料

爆谷豆　　　　　食用油
平底鍋（連蓋）　電磁爐

步驟

1 因為要用油和火，為了安全，務必請家長一起幫忙完成這個製作過程。

2 加熱平底鍋，將食用油倒入平底鍋裏。

3 接着，將爆谷豆放進平底鍋裏，蓋上鍋蓋。

4 你會聽到鍋裏傳來爆響聲。等爆響聲停了以後，拿掉鍋蓋，你就看到一鍋香噴噴的爆谷了。

實驗揭秘

　　粟米有一層堅硬的外殼，裏面是澱粉。平底鍋加熱後，爆谷豆（乾的粟米）裏的澱粉受熱膨脹，最終使粟米的外殼爆裂，變成爆谷。

會黏手的膠袋

日常生活中，我們經常會使用膠袋。你有沒有看過會黏手的膠袋呢？膠袋沒有黏上膠水就能黏在你的手上，這是怎麼一回事啊？快來一起探個究竟吧。

材料

 水盆　　 膠袋　　 水

步驟

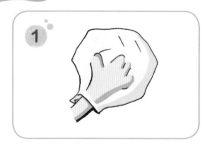

1 把膠袋套在手上。

2 將水加入水盆，然後把套上了膠袋的手放入水盆中。注意不要把膠袋淹沒在水裏，以防水進入膠袋。

3 慢慢提起你的手，你會發現膠袋緊緊貼住你的手，就好像手被膠袋黏住了。

🔍 **實驗揭秘**

　　水中有壓力。膠袋裏面的空氣受到水的壓力後，被擠出袋外，膠袋收縮，因此你會感到膠袋緊緊貼着你的手。

點燃蠟燭的青煙

　　蠟燭熄滅後，燭芯上會冒出一絲青煙，你有沒有注意過這絲青煙呢？在這個實驗中，這絲青煙起了關鍵的作用呢！請跟家長一起來試試這個實驗吧！

材料

 火柴　　 蠟燭

步驟

點燃一支蠟燭。

過了一會兒，將蠟燭吹滅。

這時，蠟燭芯上會有絲煙霧。劃着一根火柴，放在離燭芯兩厘米遠的煙霧中。

結果，火苗順着煙霧往下走，蠟燭又被重新點燃了。

實驗揭秘

　　蠟燭熄滅後，燭芯周圍的蠟油還保持着很高的溫度，而實驗中的青煙其實就是蠟油蒸氣液化的小液滴。所以，只要火柴碰到青煙，就很容易又點着蠟燭了。

第四章

力的世界

筷子提米杯

把一根筷子插進一個裝滿米的膠杯，然後提起筷子，整個杯竟然被提起來了，神奇吧！

材料

 膠杯 　筷子 水 　一些米粒

步驟

① 把膠杯裝滿米，用手壓一壓杯中的米。

② 用力把筷子插進米中，再把米壓一壓。

③ 在杯中加入少量的水，等待兩分鐘。

④ 然後輕輕提起筷子，米杯被提起來了。

實驗揭秘

　　米吸水而膨脹，米和筷子之間的接觸面變得更加粗糙，而且互相擠壓黏連，產生的摩擦力足夠使筷子連着杯子被提起來了。

氣球「纜車」

到旅遊景點遊玩時，你有沒有坐過纜車？現在我們就教你用氣球製作一架高空纜車。還等什麼？快一起來動動手吧！

材料

 約兩米長的繩　　 兩張椅子　　 飲管

 膠紙　　 氣球

步驟

將繩的一頭綁在一張椅子上。

將繩穿在飲管中間。

把繩的另一頭綁在另一張椅子上。調整椅子之間的距離，將繩拉直。

將氣球充氣，揑緊吹氣口，不要讓空氣漏出來。把已充氣的氣球用膠紙黏在飲管上，要一直揑緊氣球，不要讓它漏氣。

黏好後，鬆開揑着氣球的手，氣球會帶着飲管沿着繩快速地向前衝。

實驗揭秘

　　鬆開氣球時，氣球內的空氣從吹氣口衝出來，產生了一個反方向的推力，這和火箭發射是同一個原理。發射火箭的時候，需要巨大的推力讓它飛離地面，這股力量來自火箭裏的燃料。火箭底部的燃料被點着後會發生爆炸，產生的氣流提供巨大推力，使火箭升空。

橢圓的地球

地球是一個東西長、南北短的橢圓形球體，但是為什麼是橢圓形呢？一起來做個實驗了解一下吧！

材料

✂️ 剪刀　📏 尺子　📄 紙　🫙 膠水　✏️ 鉛筆

步驟

用剪刀剪出兩張大小相同的紙條，長約 20 厘米，闊約 3 厘米。

把兩張紙條的中心交叉成十字，用膠水黏好。接着，把紙條的四邊也用膠水黏在一起，做成球形。

等膠水乾後，用鉛筆穿過球兩邊的中心。

雙手快速地向同一個方向轉動鉛筆，你會發現紙球在旋轉過程中變成了橢圓形。

🔍 **實驗揭秘**

　　地球在自轉過程中會產生離心力，在離心力的作用下，地球的中間部分會向外拉伸、上下兩邊會往內縮。久而久之，地球變成了一個橢圓形的球體。

吹不破的氣球

你一定吹過氣球吧，是不是經常不小心把氣球吹破了？以下實驗中的氣球無論怎麼吹都吹不破！到底是什麼原因呢？

材料

🎈 氣球 　　　🍶 玻璃瓶

步驟

仔細檢查玻璃瓶和氣球，不要有漏氣的地方。

把氣球裝進瓶子裏，並將氣球的吹氣口套在瓶口上。

對着氣球用力吹氣。可是，不管你用多大的力氣，也吹不破這個氣球。

　　因為把氣球的吹氣口套在玻璃瓶口後，玻璃瓶裏的空氣就被封閉住了。當你用力吹氣球的時候，瓶子裏的空氣會對氣球產生一定的壓力，內外的壓力平衡，所以氣球不會被吹破。

乒乓球「潛水」

如果把乒乓球放入水裏，它會浮起來。可是，在以下這個實驗中，乒乓球會潛水呢！它會先潛入水底，然後才浮上來。你不相信嗎？那麼快來試試看吧。

材料

🔴 乒乓球　　🥫 水　　🔪 小刀　　🍽 水盆

瓶口小於乒乓球的飲料瓶

步驟

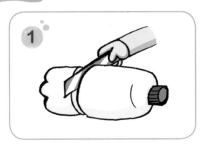

1 在家長的協助下，用小刀切開飲料瓶（大約距離飲料瓶底部五厘米的位置）。

2 扭去瓶蓋，然後把瓶口朝下，把乒乓球放進去。

3 將水倒入飲料瓶中，可以看到飲料瓶並沒有漏水，而且乒乓球沉了在飲料瓶的瓶口處。

4 把飲料瓶放進盛了水的水盆中，你會發現乒乓球又浮上來了。

實驗揭秘

　　因為乒乓球堵住了瓶口，上方又受到了水的壓力，而且乒乓球下方並沒有受到足以令它向上的力，所以乒乓球不會浮起來。當把飲料瓶放進水盆後，乒乓球下方受到了水向上的浮力，就浮了起來。

動聽的音樂瓶

當用筷子敲擊盛水量不一的玻璃瓶時，能發出高低不同的聲音，就像我們用鋼琴演奏音樂般動聽。快來聽聽吧！

材料

 七個玻璃瓶　 一雙筷子　 水

步驟

1 把七個玻璃瓶排成一排，放在平穩的桌子上，注意瓶子之間不要靠得太近。

2 依次將水倒入玻璃瓶內，第一個瓶子裏的水要加滿，其餘瓶子裏的水依次減少。

3 用筷子依次敲擊瓶口，聽聽瓶子發出的聲音。你會發現水多的瓶子發出的聲音低，水少的瓶子發出的聲音高。試試通過加一些水或倒一些水，調整玻璃瓶至發出七個基本音。

4 你可以用筷子依照樂譜上的曲調奏出一首簡單的樂曲。

實驗揭秘

　　不同盛水量的玻璃瓶能發出音調高低不同的聲音，是因為這些瓶子被敲擊後的震動頻率不同。物體本身的質量越大，震動時的頻率越低，發出的音調也越低。

宇宙中的黑洞

宇宙中的黑洞是怎樣形成的？這麼高深的知識，你是不是看了書也不明白呢？不要着急，跟着以下這個簡單的小實驗，你就能了解它形成的原因了！

材料

雪櫃　　兩個氣球　　剪刀　　兩個飲料瓶　　繩

步驟

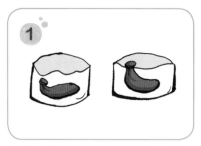

1 把飲料瓶的底部剪下來，將兩個氣球分別放進剪好的兩個瓶底內。

2 將氣球充氣，然後束好吹氣口，使氣球剛好卡在瓶子裏。

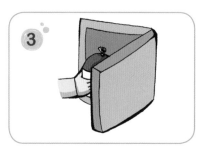

3 將其中的一個瓶子放進雪櫃冷凍 30 分鐘後取出。

4 你會發現冷凍後的氣球會收縮，而未放進雪櫃的氣球沒有發生任何變化。

實驗揭秘

　　黑洞的形成與氣球變小的原理相似。通常宇宙中的星體會因所受外力的平衡而保持一定的狀態，如果力的平衡狀態被打破，星體就會在重力的作用下迅速收縮，最後形成黑洞。

會跳遠的乒乓球

乒乓球會跳遠？不可思議呢！以下的實驗教你怎樣令乒乓球從一個碗跳到另一個碗中。

材料

 兩個碗　　 乒乓球

步驟

把兩個碗並排放在一起。

將乒乓球放入其中一個碗中。

對着球的上方吹氣，
乒乓球慢慢浮起，
跳到另一個碗去。

　　對着球的上方吹氣，上方的空氣流速會加快，氣壓變小，下方的氣壓大於上方的氣壓，下方的氣壓就把乒乓球托上去了。一直持續吹的話，乒乓球就會越升越高，直至跳入第二個碗去。

真是大力士嗎？

你心目中的大力士是怎樣的？是不是肌肉發達，力大無窮，可以輕易地舉起一個人？在以下這個實驗中，你會發現自己也是個「大力士」呢！這是怎麼回事？

材料

本實驗不需要工具，在課餘時間，找來幾個朋友就可以開始做實驗了！

步驟

邀請幾個朋友一起來做這個實驗。

伸出你的雙手，手指向上，手掌貼着牆壁。

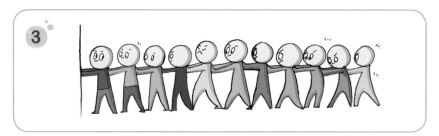

讓你的朋友們站成一排，每個人的雙手都放在前一個人的肩膀上，你站在最前。讓朋友們一起用力把你推向牆壁。結果，無論大家怎樣用力都沒法推倒你。你真是個「大力士」！

實驗揭秘

　　在實驗中，因為力的作用是互相的，每個人都會抵消身後那個人的力量，因此力量並沒有累加，所以你身上並沒有承受所有人的力量。實驗的關鍵是你至少要抵受身後那個人的推力，所以你一定要找一個力量比你小的人排在你的後面。

難捨難分

　　一張紙和一個硬幣從同一高度同時落下，哪一個會先着地？大家的答案肯定是硬幣吧！但是在以下的實驗中，紙和硬幣居然緊貼着同時落地，這又是什麼原因呢？

材料

 一元硬幣　　 紙　　 剪刀

步驟

用剪刀剪下一張大約一元硬幣大小的紙。

把剪下的紙放在硬幣的上面。

用兩個手指揑住硬幣，別碰到上面的紙。

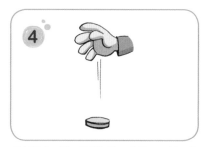

鬆開揑住硬幣的手指。你會發現紙和硬幣是同時落地的。

實驗揭秘

　　硬幣在空中快速下降的過程中，會推開周圍的空氣，在其後邊就形成了一個瞬間的低壓區。這個低壓區上面的空氣會把紙牢牢地壓在硬幣上，紙就會和硬幣緊貼着，並同時落地。

神奇的水波

「波光粼粼」、「波濤洶湧」等詞語都描述了水的不同狀態。那麼，水波又是怎樣形成的？從以下的實驗中，你可以了解到當中的原理。

材料

 碗　　　水　　　小木棍

步驟

往碗裏加滿水。

等一會兒，讓水面平靜下來。

用小木棍的其中一邊，輕輕觸碰幾下碗中央的水面。

結果，以小木棍觸碰點為中心，出現了一圈一圈的圓環形波紋，向外蔓延開去。

實驗揭秘

　　實驗中，平靜的水面被小木棍觸碰，引起水分子的震動，就產生了水波。水波是能量通過震動向四面八方傳遞的一種力學現象。

紗布也防水

紗布上有一個個網孔，居然也能防水？是的，當紗布經過了一些處理後，可以有很好的防水效果呢！

材料

 飲料瓶　　 紗布　　橡筋　　水

步驟

將飲料瓶裝滿水。

把紗布蓋在瓶口。

把紗布繃直，用橡筋固定在瓶口。

將瓶子倒過來，結果瓶裏的水沒流出多少。

實驗揭秘

　　紗布能托住水的其中一個原因是空氣的壓力，空氣的壓力能托住瓶口處水的重力；第二個原因是水的表面張力，紗布增大了瓶口處水的表面張力，表面張力「包」住了瓶口的水。由於這兩方面的原因，瓶裏的水就不會隨便流出來了。

看誰誰就贏

只要看着誰，誰就能贏，這到底是什麼比賽呢？難道眼睛有什麼特異功能嗎？快來看看當中的原因吧！

材料

細線　　　木棍　　　尺子　　　剪刀

三個大小不同的玩偶

步驟

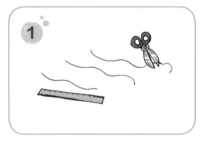

用尺子測量長度，剪下三段長度分別為 10 厘米、15 厘米和 20 厘米的細線。

用 10 厘米的細線綁住最小的玩偶，20 厘米的細線綁住最大的玩偶，15 厘米的細線綁住剩下的那個玩偶。

將三個玩偶的細線綁在木棍上。用手握着木棍，搖一下木棍讓玩偶動起來。

手盡量保持不動，眼睛隨意盯着其中一個玩偶看，這個玩偶就能搖到最後，其他玩偶則會較早就停止搖動。

實驗揭秘

　　三個玩偶就是三個周期不同的單擺（單擺即是一種懸掛於定點，在重力影響下反覆擺動的物體）。當你盯着一個玩偶看時，你會跟着它擺動，而你的手也會跟着它的頻率擺動，這樣就和這個玩偶的單擺產生了共振，因此這個被盯上的玩偶會一直擺動不停。

氣球來抬書

一個氣球真的能抬起一疊書嗎？這是怎樣辦到的？一起來做個實驗吧！

材料

 氣球　　　　　 幾本書

步驟

把一疊書放在桌子上。

把氣球放到這疊書的下面，注意要把氣球的吹氣口露在外面。

用力地吹氣球。結果，書被氣球抬起來了。

實驗揭秘

　　實驗中，當你用力地吹氣球時，越來越多的空氣被擠壓進氣球中，氣球裏就充滿了壓縮的空氣。因此，這疊書是被壓縮在氣球裏的空氣抬起來的。

兜住空氣

下雨或陽光猛烈時，我們都會撐着雨傘。可是，如果我們將打開的雨傘舉在身後，居然會影響我們前進，這是為什麼呢？一起來找答案吧！

材料

 雨傘

步驟

將沒有打開的雨傘放在身後，然後向前跑。

停下後，打開雨傘。

將打開的雨傘舉在身後。

拖着打開的雨傘向前跑，你會發現這樣跑得很吃力，速度也明顯慢了。

🔍 實驗揭秘

　　實驗中，當你舉着打開的雨傘向前跑時，打開的雨傘會兜住了空氣，受到擠壓的空氣會擋着雨傘，這種阻力把你往後拉，於是你跑步的速度變慢了，也會覺得跑起來很吃力。

第五章

化學之美

寫一封密件

你有看過偵探電影嗎？電影中的特工、間諜、探長等都神通廣大、無所不能，更能秘密地交換情報。現在我們就教你一種神奇的本領——寫一封密件。

材料

麵粉　碟　檸檬汁　紙
水　碘酒　棉棒　湯匙

步驟

把麵粉和水放在碟裏攪拌成糊狀。

用棉棒沾一些麵粉糊，在紙上寫幾個字，晾乾以後，紙上的字就會消失了。

用棉棒沾一些碘酒，擦拭寫了字的地方，字跡又重新出現了。

將檸檬汁塗在字跡上，過一會兒，字又消失了。

　　碘單質會與澱粉發生反應，產生呈深藍色的複合物，所以用麵糊寫字的地方會出現深藍色的字。而檸檬汁中含有維生命C，維生命C會與碘發生反應，變成碘離子，使溶液褪色，所以字又消失了。

難以分開的杯子

! 請在家長
指導下完成

　　兩個一樣的玻璃杯，竟然緊貼在一起，難以分開。這是為什麼呢？快來看看吧。

材料

兩個相同的玻璃杯　　蠟燭　　吸水紙
水　　火柴

步驟

把蠟燭放在一個玻璃杯裏，並將蠟燭點燃。

用浸濕的吸水紙蓋着玻璃杯口，之後迅速將另一個玻璃杯倒轉並放在杯子上。

一會兒，杯裏的蠟燭熄滅了，拿起上面的杯子，結果下面的杯子也被拿起，即兩個杯子黏在一起了。

實驗揭秘

　　燃燒需要氧氣。蠟燭的燃燒先耗盡了下面那個杯子裏的氧氣，然後通過吸水紙的纖維耗盡了上面杯子裏的氧氣，使兩個杯子裏的氣壓低於外界的氣壓。於是，外界的大氣壓會將兩個杯子緊緊地壓在一起，難以分開。

倒掛的鐘乳石

！請在家長
指導下完成

你看過溶洞裏倒掛着的鐘乳石嗎？它們奇形怪狀、五彩繽紛，非常美麗。讓我們一起來製作一塊鐘乳石吧！

材料

🥛 兩個寬口的瓶子　◯ 碟　✎ 兩枚萬字夾　☕ 温水
🥄 茶匙　👁 小蘇打（碳酸氫鈉）　ノ 毛線

步驟

① 將温水倒入兩個瓶子中，然後把小蘇打加進去，邊加邊攪拌，直到小蘇打再也無法溶解為止。

② 把兩個瓶子稍稍分開放置，把碟放在它們中間。

③ 在毛線的兩端各綁上一枚萬字夾，然後分別放進兩個瓶子裏，把毛線懸在瓶子的上方。

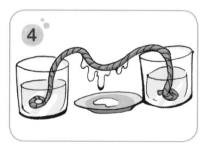

④ 不要移動瓶子和碟的位置，幾天後你就能在毛線的中央看到小小的鐘乳石了。

🔍 實驗揭秘

　　小蘇打溶液順着毛線不斷地向上走，並聚集在毛線的中間。隨着水分的蒸發，釋出的固體物質（主要是碳酸鈣）就在毛線的中間不斷積累，並一點點增加，最終形成了倒掛的鐘乳石。

綠色的秘密

我們生活的世界五彩繽紛、色彩絢麗。這些色彩都可以由三種顏色按一定的比例混合調配出來，這三種顏色就是紅、黃、藍。你知道綠色是由什麼顏色調配而成的嗎？讓我們一起來看看吧。

材料

綠色的顏色筆　　濾紙　　玻璃杯
夾子　　　　　　水

步驟

1 往玻璃杯倒入約 2.5 厘米深的水。

2 在距離濾紙下端約 5 厘米的地方，用綠色顏色筆畫一個點。

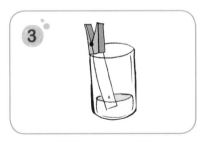

3 用夾子將濾紙的一端夾在杯口，將畫了綠點的那邊濾紙浸在水裏，並剛好讓綠點在水面上方。

4 15 分鐘後，濾紙上的綠點不見了，原本在綠點上方的紙變成了藍色，藍色上面的紙變成了黃色。

實驗揭秘

　　將紙條浸在水裏，水會順着紙條往上移動。在移動過程中，不同的色素移動速度不同。因為綠色是由黃、藍兩種色素組成，它們因移動速度的不同而在紙上分離，呈現出不同的顏色帶。

巧畫水墨畫

你喜歡畫畫吧？我們可以利用很多工具來畫畫，如筆、手掌、樹葉等。可是，如果我們不用任何工具，就可以畫一幅有趣的圖畫，你又想嘗試一下嗎？

材料

宣紙　　裝有半盤水的膠盆　　筷子
棉棒　　墨水　　食用油

步驟

用沾了墨水的筷子輕輕觸碰膠盆裏的水面，即可看到墨水在水面上擴展成一個個圓形。

拿棉棒沾一點油，然後輕碰墨水圓形圖案的圓心處，墨水擴展成了一個個不規則的圓圈圖形。

把宣紙輕輕覆蓋在水面上，然後緩緩拿起。

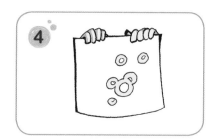

這時，宣紙上印上了不規則的同心圓圖形。

　　棉棒沾了油脂後會影響水分子互相拉伸的力量（即表面張力），從而改變了水面的同心圓圖案。將宣紙輕輕覆蓋在水面上，水裏的圖案因為帶有顏色，染到宣紙上，所以宣紙會印出水中的圖案。

吐泡泡的雞蛋

看！雞蛋在玻璃杯中旋轉和上升，並且像魚一樣不停地吐泡泡。真奇妙啊！

材料

 透明的玻璃杯 　　 雞蛋 　　 醋

步驟

將醋倒入透明的玻璃杯中，把雞蛋放進去。

雞蛋放入玻璃杯後，很快就沉到了杯底。

過一會兒，杯中的雞蛋就會不斷旋轉和上升，雞蛋像魚一樣不停地吐泡泡。

實驗揭秘

　　雞蛋被醋泡過一段時間後，蛋殼中的碳酸鈣會和醋發生
化學反應，產生二氧化碳。這些凝聚在蛋殼周圍的氣體泡泡
不斷地破裂，使雞蛋慢慢地旋轉起來並吐泡泡。發生的化學
反應使雞蛋的密度小於水，所以雞蛋會在水中上升。

跳舞的硬幣

大家的錢包裏都有硬幣吧？如果不用手去碰它，它是不會動的，更不用說「跳舞」了。把硬幣平放在汽水瓶口上，硬幣就會「跳起舞」來，你相信嗎？

材料

 冰鎮汽水　　 一元硬幣　　玻璃杯

步驟

將冰鎮過的汽水倒入玻璃杯中。

在空的汽水瓶瓶口上滴幾滴汽水。

將準備好的硬幣平放在汽水瓶口上，硬幣會慢慢地翹起來，然後在瓶口上忽高忽低地「跳起舞」來。

汽水是冰鎮的，當我們打開它後，汽水瓶內的冷空氣
受熱膨脹，其中一部分氣體就會被擠出瓶子。被擠出瓶子的
氣體碰到了硬幣，就把它推了起來。但是，這股氣體時強時
弱，所以硬幣就被推得時高時低，在我們看來，就像硬幣在
跳舞一樣。

人造瀑布

❗ 請在家長指導下完成

你看過壯美的瀑布景觀嗎？你也可以製作一個小小的人造瀑布，而且能控制它的水流分合，很神奇吧？

材料

 鐵罐　 水　 錐子

步驟

用錐子在空的鐵罐底部鑽五個小孔。（孔與孔之間相隔約五毫米）

將鐵罐盛滿水，水會分成五條水流從五個小孔中流出。

用大拇指和食指將這些水流聚合在一起。

將手拿開後，五條水流就會合成一條水流。

如果你再用手擦一下罐上的小孔，水流就會重新變成五條水流。

　　水是由許多水分子組成的。水表面的水分子緊緊聚在一起，有一種互相吸引的力，即水的表面張力，而水的表面張力會驅使水流進行「分」和「合」。

冰塊「咬」線了

當一條普通的棉線貼着冰塊，在冰塊上撒一些鹽，一會兒後，棉線居然被凍在冰塊上了，就像「咬」住棉線！

材料

 冰塊　 鹽　 冷水　 棉線

步驟

將冰塊放到一碗冷水裏，冰塊會浮在水面上。

將棉線垂直放在冰塊上，棉線的下端要貼着冰塊。

在冰塊與棉線接觸處撒上一點鹽。

等一會兒，再提起棉線，你會發現冰塊和棉線凍在一起了，所以連冰塊也提起來了。

鹽會降低冰塊的凝固點。實驗中,剛把鹽撒在冰塊上時,冰塊表面會稍稍融化。而當鹽融化,冰塊表面會再一次結冰,所以棉線就被凍住了。

氣球吹氣球

你試過吹氣球嗎？以下實驗中的這種吹氣球方法很新鮮呢！那就是小氣球吹大氣球，氣球吹氣球！好奇的你就跟着做實驗吧！

材料

 兩個氣球　　 硬塑膠管　　兩條橡筋

步驟

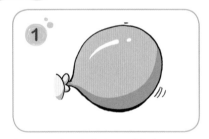

將兩個氣球充氣，其中一個要小一些。

將兩個氣球對接在硬塑膠管上。

用橡筋將氣球綁好。

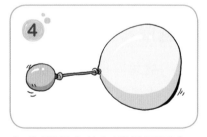

你會發現大的氣球變得更大，而小氣球變得更小了。

實驗揭秘

　　吹氣球時，我們會遇到氣球球皮的收縮阻力，而氣球越小，球皮的收縮阻力就越大，所以小氣球中的空氣會被較大的收縮阻力壓到大氣球的一側，大氣球自然就變得更大了。

吹出雲霧

我們居然可以吹出空中的雲霧？這真是令人難以置信。趕快動手做一做就知道了！

材料

 小鐵罐　 大鐵罐　 鹽　冰塊

步驟

將小鐵罐放到大鐵罐裏。

將冰塊和鹽按照 1：3 的比例混合。

再把混合好的冰塊和鹽放到兩個鐵罐之間的空隙中。

一會兒後，對着小鐵罐吹氣。結果，鐵罐上方能看到團團的霧氣。

🔍 實驗揭秘

　　經過加工的兩個鐵罐就是一個簡易的雪櫃了。一段時間後，小鐵罐裏的温度就會變得很低，吹進去的熱氣馬上會凝結成小水滴，一會兒就在眼前形成了一片雲霧。

散開的色素

色素能散開，我們能看到嗎？答案是肯定的。跟着以下實驗，能讓你輕輕鬆鬆地看到散開的色素。

材料

幾支水彩筆　　一杯水　　滴管
剪刀　　抹布

步驟

1

將抹布剪成幾個圓形。

2

在每塊布的中心用水彩筆點上一個大大的顏色點。

3

將滴管放到水裏，手指按住上方。

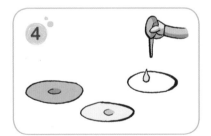

4

接着，把滴管移到布片上。在布的每個顏色點上滴一滴水。

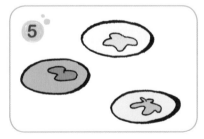

5

一會兒後，你會看到顏色點的顏色逐漸散開，出現了新的顏色。

　　實驗中，水通過抹布而散開，顏色中的色素也跟着水散開。各種色素散開的速度是不一樣的，所以呈現了獨特的顏色塊。

紙花依舊開

插在水裏的鮮花會開放，放到水裏的紙花又會怎麼樣呢？真是太令人驚喜了，紙花居然「綻放」了！一起來探究紙花「綻放」的奧秘吧！

材料

 顏色紙　 剪刀　🥫 一盆水　✏ 鉛筆

步驟

在顏色紙上畫一朵花，然後用剪刀剪下這朵紙花。

把紙花的花瓣往裏面摺起來，摺成立體的花形狀。

把摺好的花朵放到盛滿水的盆裏。

靜靜地等待幾分鐘後，你會發現花瓣慢慢地向外展開了。

166

紙花能夠「綻放」，這是水的功勞！當紙花放進水裏後，水會沿着紙的纖維從紙花底部慢慢往上升，紙纖維吸水後膨脹變重，當水分到達花瓣的摺痕處時，紙花就自動展開了。

一樣的重量

　　木頭有重量，一塊小木塊當然也有重量。在實驗中，一杯水在沒加小木塊和加了小木塊的不同條件下，稱出來的重量居然是一樣的，那麼木塊的重量跑到哪裏了？

材料

杯子　小木塊　紙和筆　膠盆

水　重量計　毛巾

步驟

1 將水倒入杯子裏，至剛滿沒溢出。

2 把倒滿水的杯子放到重量計上稱一下重量，記在紙上。

3 把這杯水從重量計上拿下來，放到膠盆裏。

4 輕輕地把小木塊放到水杯裏。

5 拿起放了小木塊的水杯，用毛巾將杯子外面擦乾。

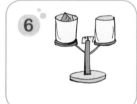

6 把水杯放到重量計上稱一下重量，記在紙上。比較兩次的結果，你會發現兩次重量是一樣的。

實驗揭秘

　　小木塊不是沒有重量，而是這部分的重量以等量的水排出去了。當小木塊被放到水杯裏時，水杯裏有一部分水被排到了臉盆裏，而且被排出來的這部分水的重量恰好等於放進去的小木塊重量。所以，兩次稱重的結果是一樣的。

冷水來幫忙

❗ 請在家長
指導下完成

煮熟雞蛋後應該怎樣剝殼？這裏有個小竅門，你們平時有注意到嗎？要是不知道也不要緊，就在實驗中學習吧！

材料

🥚 雞蛋　🥄 湯匙　🥣 冷水　🔥 煤氣爐
💧 水　　　　　　　🍳 鍋

步驟

1 將盛了水的鍋放到煤氣爐上。當水沸騰後，把生雞蛋放入水中煮。

2 五分鐘後，用湯匙撈出煮好的雞蛋。

3 將撈出的雞蛋放到冷水裏浸一下。

4 取出雞蛋剝殼，你會發現更容易剝殼了。

　　不同的物體遇冷後，收縮力不同。煮熟的雞蛋放入冷水裏，蛋白收縮得多，蛋殼收縮得少，使蛋白和蛋殼分離，剝去蛋殼就容易得多了。

氣泡與葡萄乾

　　氣泡與葡萄乾這兩種東西都很平常，但是將這兩種平常的東西放在一起，就會出現一個有趣的現象了。

材料

 可樂　　 玻璃杯　　 葡萄乾

步驟

打開可樂。

將可樂倒進玻璃杯中。

將一些葡萄乾放到杯中的可樂中。

你會發現葡萄乾上聚集了很多小氣泡，而且這些葡萄乾還在可樂中上上下下地「跳舞」呢！

實驗揭秘

　　可樂中有許多二氧化碳小氣泡，這些氣泡會跑到葡萄乾的表面，它們帶着葡萄乾往上浮。到了水面，氣泡破裂，葡萄乾就往下沉。接着，一些氣泡又跑到葡萄乾上，先上浮後下沉，反反覆覆，葡萄乾就像在跳舞一樣。

能縮能脹的瓶子

瓶子也能「伸縮自如」，你有注意過嗎？沒注意過也不要緊，趕緊找一個空的飲料瓶一起來做實驗吧！

材料

 飲料瓶　　 雪櫃

步驟

把空的飲料瓶瓶蓋扭緊。

再把空飲料瓶放進雪櫃的冷凍格內。

十分鐘後，取出瓶子，發現瓶身都凹陷了。

幾分鐘後，你會發現凹陷的瓶身又恢復原狀了。

　　瓶子裏的空氣受冷收縮，佔據的空間會比原來少。因為瓶蓋扭緊了，沒有空氣再進到瓶裏，所以瓶身就往裏面凹陷。從雪櫃裏取出瓶子後，瓶裏的空氣受熱後膨脹，瓶子就復原了。

第六章

電磁魔術

梳子的妙用

如果你不小心將一些碎紙掉到地上，除了用吸塵器外，你還能用什麼方法將它們全部收集起來呢？有沒有想過用一把普通的梳子呢？來試試吧！

材料

 剪刀　 紙　 毛巾　 塑膠梳子

步驟

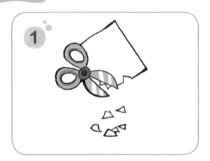

用剪刀把紙剪成碎塊，放在桌子上。

拿着梳子在毛巾上反覆摩擦幾分鐘後，將梳子放到碎紙上方，但不要接觸紙。

你會看到碎紙紛紛被吸到了梳子上。但是過了一會兒，紙碎又紛紛從梳子上掉了下來。

實驗揭秘

　　當梳子在毛巾上摩擦幾下，梳子就會帶上了靜電。梳子吸住碎紙後，梳子上的一部分靜電就會轉移到碎紙上，這樣碎紙就帶上了和梳子同樣的電荷。由於相同的電荷會互相排斥，所以紙碎最終又從梳子上掉了下來。

會「跳舞」的小白兔

蹦蹦跳跳的小白兔非常可愛。我們教你用紙剪一隻小白兔吧！它不僅活潑可愛，還會跳舞呢！快來做這個非常好玩的實驗吧！

材料

 玻璃   薄紙   鉛筆

兩本一樣厚的書   剪刀   絲綢

步驟

把兩本厚書放在桌子上，中間隔一段距離，然後把玻璃放在兩本書上。

在薄紙上用鉛筆畫一隻可愛的小白兔，然後用剪刀把它剪下來。

把剪好的小白兔放在玻璃下面。

用絲綢在玻璃上不停地摩擦，你會發現下面的小白兔開始「翩翩起舞」了。

　　用絲綢摩擦玻璃會產生靜電。靜電先是吸引不帶電的小白兔，使小白兔貼到玻璃上，然後小白兔會因為和玻璃帶上相同的電荷而被排斥，失去電荷，如此反反覆覆，就像是在跳舞一樣。

改變水流方向

水龍頭的流水是垂直地往下流的,你有沒有想過它的水會改變流向?關鍵在於一個氣球!

材料

氣球　　橡筋　　毛巾
有水龍頭的洗手盆

步驟

將氣球充氣,並用橡筋把吹氣口束緊。

拿着氣球在毛巾上摩擦。

輕輕將水龍頭扭開一點,將氣球靠近從水龍頭裏流出來的細水流。你會看到水流不再像平時那樣垂直流下,而是向着氣球的方向微微傾斜了。

　　氣球在毛巾上摩擦，產生了靜電。氣球上的靜電會吸引細水流，所以水流會向着氣球的一側彎曲了。

無線的珠鏈

如果給你一些鋼珠,你能不用線就把它們組成一條珠鏈嗎?神奇的磁鐵能讓你做出這樣的珠鏈呢!

材料

 數十顆小鋼珠　　 磁鐵

步驟

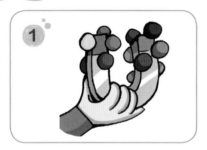

磁鐵能吸住鋼珠。

先用磁鐵吸起一顆鋼珠,接着慢慢地一顆接一顆地放鋼珠。

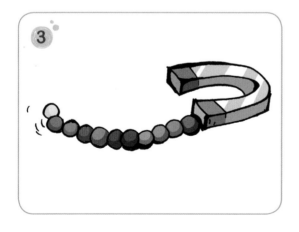

你會看到,磁鐵將鋼珠連成了一串珠鏈。

實驗揭秘

　　磁鐵會在自身周圍形成一個磁場。一塊強力磁鐵能吸引物體，實際上是因為它的磁場產生很強的磁力，甚至會將原本不具磁性的物體變得有磁性。當第一顆小鋼珠被磁鐵吸住的時候，磁鐵把磁性傳給了鋼珠（物理學上交磁化作用），鋼珠就能彼此吸引了。

來一個「閃電」

! 請在家長
指導下完成

你一定看過閃電吧！你知道閃電是怎樣形成的嗎？讓我們來做個小小的實驗，製造一個小型「閃電」吧！

材料

 發泡膠　　 約五厘米的釘子　　 隔熱手套

步驟

關上屋子裏的燈，戴上隔熱手套。

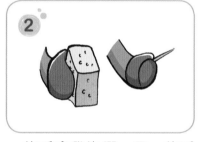

一隻手拿發泡膠，另一隻手拿釘子。

將發泡膠在衣服或頭髮上摩擦半分鐘，慢慢將釘子接近發泡膠。

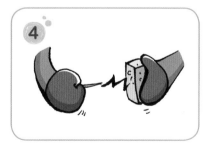

當釘子的尖頭接近發泡膠時，你會聽到輕微的「劈啪」聲，還會看到閃光——這就是你製造的迷你「閃電」了。

　　發泡膠經過摩擦會得到電荷。當釘子的尖頭接近發泡膠時，發泡膠所帶的電荷就會向釘子的方向集中。當電荷聚集的數量多到一定程度時，發泡膠就會向釘子的尖頭釋放電荷。釋放的過程就是加熱空氣的過程，空氣會發生小型爆炸，從而產生「劈啪」聲。

帶電的報紙

不用膠水也能把報紙貼在牆上，這是為什麼呢？你也來試試以下的實驗吧！

材料

 鉛筆   報紙

步驟

攤開報紙，把報紙平鋪在牆上。

用鉛筆的側面迅速地在報紙上摩擦幾下後，報紙就像黏在牆上一樣掉不下來了。

掀起報紙的一角，然後鬆手，被掀起的角會被牆壁吸回去。

把報紙慢慢地從牆上拿下來。細心地聽，你會聽到靜電的聲音。

　　用鉛筆摩擦報紙會使報紙帶電，帶電的報紙會被吸在牆上。當屋裏的空氣較乾燥（尤其是在冬天），如果你把報紙從牆上拿下來，就會聽到靜電的聲音。

通電的檸檬

　　這是一個普通的檸檬，但又很特別，因為這個檸檬能「**通電**」呢！仔細看着，這個檸檬是要經過「裝備」的。開始實驗吧！

材料

 銅管　　兩條銅線　　鐵絲　　小燈泡　　檸檬

步驟

把銅管的其中一頭插進檸檬的其中一側。

把鐵絲的一端插進檸檬的另一側。

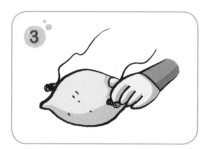

接着，把一條銅線繞在銅管上，另一條銅線繞在鐵絲上。

把銅線的另外兩端繞在小燈泡的底部。你會發現小燈泡亮了。

 **實驗揭秘**

　　在實驗中，檸檬汁和兩種金屬形成了「水果電池」。當檸檬汁碰上銅和鐵兩種金屬，三者發生原電池反應而產生了電流。當銅線一接通，一個閉合電路就形成了，小燈泡就亮起來了。

給好奇孩子的科學實驗

作　　者：蔣德仁、米家文化
插　　圖：米家文化、飛翔巴士
責任編輯：葉楚溶
美術設計：何宙樺
出　　版：新雅文化事業有限公司
　　　　　香港英皇道499號北角工業大廈18樓
　　　　　電話：(852) 2138 7998
　　　　　傳真：(852) 2597 4003
　　　　　網址：http://www.sunya.com.hk
　　　　　電郵：marketing@sunya.com.hk
發　　行：香港聯合書刊物流有限公司
　　　　　香港新界大埔汀麗路36號中華商務印刷大廈3字樓
　　　　　電話：(852) 2150 2100
　　　　　傳真：(852) 2407 3062
　　　　　電郵：info@suplogistics.com.hk
印　　刷：中華商務彩色印刷有限公司
　　　　　香港新界大埔汀麗路36號
版　　次：二〇一八年一月初版
　　　　　二〇一八年六月第二次印刷

原書名：《科學實驗‧千變萬化》
本書經由浙江少年兒童出版社有限公司獨家授權中文繁體版在香港、澳門地區出版發行。

ISBN: 978-962-08-6962-4
© 2018 Sun Ya Publications (HK) Ltd.
18/F, North Point Industrial Building, 499 King's Road, Hong Kong
Published and printed in Hong Kong